e

kendi
olmayan hiç kimse özgür değildir

2000 yıllık huzurlu yaşama rehberi

DESTEK yayınları

DESTEK MEDYA GRUBU

DESTEK YAYINLARI: 1126
FELSEFE: 10

EPİKTETOS / KENDİSİNİN EFENDİSİ OLMAYAN HİÇ KİMSE ÖZGÜR DEĞİLDİR
Yayıma Hazırlayan: Aslı Perker

İmtiyaz Sahibi: Yelda Cumalıoğlu
Genel Yayın Yönetmeni: Ertürk Akşun
Yayın Koordinatörü: Özlem Esmergül
Çevirmen: Aslı Perker
Editör: Aslı Perker
Son Okuma: Devrim Yalkut
Kapak Tasarım: İlknur Muştu
Sayfa Düzeni: Cansu Poroy
Sosyal Medya-Grafik: Tuğçe Budak - Mesud Topal

Destek Yayınları: Temmuz 2019 (2.000 Adet)
3.-4. Baskı: Ağustos 2019
5.-8. Baskı: Eylül 2019
9.-10. Baskı: Ekim 2019
11.-18. Baskı: Kasım 2019
19.-28. Baskı: Aralık 2019
Yayıncı Sertifika No. 13226

ISBN 978-605-311-587-8

Abdi İpekçi Caddesi No. 31/5 Nişantaşı/İstanbul
Tel. (0) 212 252 22 42
Faks: (0) 212 252 22 43
www.destekdukkan.com
info@destekyayinlari.com
facebook.com/DestekYayinevi
twitter.com/destekyayinlari
instagram.com/destekyayinlari

Deniz Ofset – Nazlı Koçak
Sertifika No. 40200
Maltepe Mahallesi
Hastane Yolu Sokak No. 1/6
Zeytinburnu / İstanbul

DESTEK yayınları KARAKARGA BEYAZ BAYKUŞ genç DESTEK

epiktetos

kendisinin efendisi olmayan hiç kimse özgür değildir

2000 yıllık huzurlu yaşama rehberi

Yayıma Hazırlayan: Aslı Perker

DESTEK
yayınları

Epiktetos Kimdir?

Epiktetos MS 55 yılı civarı bugün Pamukkale olarak bilinen Roma İmparatorluğu'nun bir şehri Hierapolis'te doğdu. Gençlik yıllarını Roma'da Epapheoditus'un kölesi olarak geçirdi. Zaten onun evine köle olarak doğmuştu ve bir söylentiye göre sahibi onu bilerek topal bırakmıştı. Epapheoditus Roma İmparatoru Neron'un bakanıydı ve bu yüzden Epiktetos sarayda etrafında pek çok entelektüel ile birlikte büyüdü. Köleyken bile zamanın en önemli stoacı düşünürlerinden biri olan Gaius Musonius Rufus'un öğrencisiydi ve derslerine hiç aksatmadan katılıyordu. Hatta en hevesli ve çalışkan öğrenci olarak da biliniyordu. Ancak Neron daha sonra Rufus'u etik öğretilerinden dolayı imparatorluktan kovmuştu.

Neron'dan sonraki imparator Domityan, Epiktetos'un sahibini idam edince o da özgür kaldı ve Roma'da felsefe dersleri vermeye başladı. Ancak MS 93 yılı civarı bütün filozoflar Roma'da yaşamaktan men edildiğinde Epiktetos da Yunanistan'ın kuzeybatısındaki, bugün Bulgaristan'da bulunan Nikopol'e göç etmek zorunda kaldı. Orada kendi felsefe okulunu kurarak, kısa zamanda bütün üst sınıf Romalıların geldiği başarılı bir eğitim başlattı. Buradaki en önemli öğrencilerinden biri Arrianus idi ve Epiktetos'un tüm söylevlerini sonra *Kılavuz* ve *Söylevler* başlıkları altında kitaplaştırdı.

Epiktetos basit bir hayat yaşıyordu. Söylenene göre çok iyi bir hatip ve alçakgönüllü bir insandı. Öyle bilgeydi ki yine bir söylentiye göre Platon'un kendi zamanında olduğundan daha popülerdi. Hiçbir zaman evlenmedi ve çocuk sahibi olmadı. Ancak yaşlılığında bir arkadaşının çocuğunu ölüme terk etmemek için evlatlık edinerek kendi evladı gibi baktı.

Epiktetos MS 135 yılında Nikopol'de öldü.

Nedir insanlığın aradığı? Nihai nokta nedir? Para, sağlık, sevmek, sevilmek... Bütün bunları istemesinin tek bir sebebi yok mu? Aslında mutluluğa ve huzura erişmeye çalışmıyor mu? Peki mutluluk bir şeylere sahip olmakla mı gelir, yoksa sahip olacak hiçbir şey istememekle mi? Belki de doğduğumuz günden itibaren bize bu öğretilmelidir. Bir şeylere sahip olma isteğinden arınmak. Bu keşke o kadar kolay olsa.

Şimdi kendinizi üzerinizde kıyafetleriniz, ayağınızda ayakkabılarınız, elinizde çantanız, cebinizde cüzdanınız, yağmurlu bir havaysa şemsiyeniz, belki tek elinizde arabanızın anahtarı ile hayal edin.

Ve şimdi de bunları tek tek bıraktığınızı düşünün. Anahtarı yakındaki bir masanın üzerine bırakın. Bırakın bırakın. Şemsiyenizi koyun. Cüzdanınızı cebinizden çıkartın ya da çantanızdan ve bir köşeye atın. Hâlâ orada mı diye dönüp bakmayın bile. İlk kurtulmanız gereken endişe bu. Sonra ceketinizi çıkartın, kıyafetleriniz, ayakkabılarınız. Kat kat soyunun; düşünün ki görünmeyen bir el hepsini aldı ve yok oldu. Artık bir siz varsınız. Bir de düşünceleriniz.

İşte Epiktetos'un az çok yapmaya çalıştığı şey budur. Sizi sahip olduğunuz her şeyden arındırmak. Sadece madden değil manen de. Kendisi de öyle yapmıştır. Hiçbir eşyaya sahip olmadan küçücük bir kulübede yaşamıştır. Tamam hemen evinizi terk edin, bir kulübeye taşının demiyoruz, ama şuradan başlayabilirsiniz: Evinize dönün bakın ve elinizde var olanla mutlu olun. Neden daha fazlasını istediğinizi düşünün.

Ego mu? Epiktetos'a göre öyle. Benlik duygusu. Benim neyim eksik hissi. Sizin hiçbir şeyiniz eksik değil ama fazla da değil. Daha fazlasına sahip olduğunuzda daha mutlu olacağınızı düşünüyor olabilirsiniz ama şunu bilin ki dünyada bir yerlerde kendini bütün isteklerinden arındırmış biri sizden daha mutlu.

Bu birdenbire olamayacak, belki de düşüncelerinizi hemen toparlayamayacaksınız. Kendinizi bir şey arzulamamak için çok zorlamanız gerekecek. Sık sık pes etmek isteyeceksiniz. Olacak şey değil, neden istemeyeyim canım diyeceksiniz.

İşte elinizde tuttuğunuz bu kitap size yol gösterecek. Her vazgeçme anında açıp okuduğunuzda, üstelik hangi sayfası denk gelirse gelsin, size ilham verdiğini, içinizi ferahlattığını göreceksiniz.

Bundan 2000 yıl önce yazılmış olmasına rağmen ne kadar güncel olduğuna şaşıracaksınız. İnsanlığın dertlerinin hep aynı olması belki içinize su serpecek. Sadece bugün değil, tarihin başından beri yalnız olmadığınızı hissedeceksiniz. Kısacası deli olmadığınızı, problemli olmadığınızı; hayat denen bu gailenin insanı aslında gerçekten zorladığını fark edeceksiniz.

Nasıl olacak bu iş dediğinizi duyar gibiyiz. Olur mu canım öyle şey? Karnımızı nasıl doyuracağız, çoluğumuza çocuğumuza nasıl bakacağız? Haklı sorular bunlar. Haklı karşı çıkmalar. Ama işte Epiktetos buna da cevap veriyor, eğer bir filozof gibi yaşamak istiyorsan önce bildiklerini unutmalısın. Her şeyi bildiğini iddia eden biri yeni bir şey öğrenemez. Her şeyi olduğu gibi önyargılarınızı da bırakmalısınız bir kenara devam etmeden önce.

Ve belki bu sayfaları bitirdiğinizde biraz olsun özgürlüğün kapısını aralamış olabilirsiniz. Epiktetos ve stoacılar için en önemli olgu özgürlüktür. Özgür olmanın tek yolu ise kendini maddi ve manevi her şeyden arındırabilmektir.

Elbette şunu da unutmamalı ki; bu yol uzun. Bu kitap sadece bir başlangıç. Zihne ekilen bir tohum. Ayrıca burada yazanları zaten biliyorsunuz, kalbinizin derinliklerinde hissediyorsunuz, ancak adını koyamıyorsunuz, cümlelere dökemiyorsunuz. Ama artık yanınızda bir kılavuz var. Düşünceleriniz ve kalbiniz birbirine dolandığında açıp bakabileceğiniz bir kılavuz.

Size bu yolda başarılar diliyoruz ve aradığınızı huzuru bulmanızı gönülden diliyoruz.

Aslı Perker

"Tanrım, bana değiştiremeyeceğim
şeyleri kabullenmek için kuvvet
Değiştirebileceğim şeyler için cesaret ve
Bu ikisini birbirinden ayırmak için akıl ver."

Stoa duası

"Bu hayat denen ziyafetin tadını çıkarmaya bak."

Hayatta hiçbir şeye sahip olmamayı düstur edinmiş, bütün maddi ve manevi bağımlılıklardan uzak duran Epiktetos'un hayatın tadını çıkartın diyor olması ilk anda şaşırtıcı gelebilir. Nihayetinde yemekle içmekle işi olmayan, maddi değeri yüksek herhangi bir şeye, altında uyuyacak bir dama sahip olmanın bile mutluluk getireceğine inanmayan bir adam için hayat denen ziyafet neydi ve tadı nasıl çıkartılabilirdi? Şüphesiz buna da başka bir pencereden bakmış ve öğrencilerine öğütlerini o doğrultuda vermişti:

"Anı yaşa. Detaylarına dikkat et. Karşındaki kişiye cevap ver, o an yapman gerekenleri yap ve karşılaştığın zorluklarla mücadele et. Kaçma. Gerçekten yaşamak zamanıdır: İçinde olduğun anı tam olarak yaşamak zamanı."

Epiktetos için insanın yaşanan ana ve çevresine tüm dikkatini vermesi, bunların en üst seviyede algılanması ve anlamlandırılması demekti. Ve elbette zorluklarla mücadele de onun için yaşamın ta kendisiydi.

"Hayata karşı bir yemek davetinde nasıl davranırsan öyle davranman gerektiğini unutma. Sana yemek mi sunuldu? Elini uzat, kibarca al ve ye. Yemek yanından mı geçti? Sakın uzanıp durdurmaya çalışma. Henüz yemek gelmedi mi? Sen onu arama, sana gelene kadar bekle."

Bir yemeğe davet edildiğimizde önümüze ne konulursa onu kabul ederiz, öyle değil mi? Davet sahibinden balık ya da tatlı isteyecek olsak garip karşılanır. Buna rağmen Tanrı'dan vermediği şeyleri istiyoruz. Üstelik zaten pek çok şey vermiş olmasına rağmen.

Tam bir teslimiyetten bahsediyordu. Ve bu teslimiyetin mükâfatı da şöyleydi:

"İş, hayat, bir eş, çocuklar ve zenginlik; hepsi için aynısı geçerlidir. Ve böylelikle bir gün Tanrı'nın ziyafet sofrasına da kabul edilirsin."

Hayatı sadece bir yemek davetine değil, aynı zamanda bir pazara da benzetiyordu. İnsanları da o pazara geliş sebeplerine göre ikiye ayırıyordu.

"Yaşadığımız hayat bir pazarı anımsatıyor. Sürüler satılmak için önümüzden geçiyor. Ve bunları alacak büyük bir kalabalık onları takip ediyor. Ama az da olsa bir grup insan sadece pazara bakmaya geliyor. Nasıl kurulmuş, neler oluyor? Amacı nedir, sahibi kimdir? Ve işte pazara benzeyen bu hayatta da bazıları sadece bir şeyler alıp satmaya geliyor. Araziler, mallar, mülklerle ilgilenen kim varsa bilsin ki bunlar hep maddedir. Ama bazıları da hayat denen pazarı anlamak için geliyor. Böyle bir pazarın yöneticisinin, kurucusunun olmaması mümkün müdür? Bu kadar büyük, bu kadar ahenkli bir yerin hiçbir amacı yok mudur?"

İnsan anı yaşarken geçmişte yaşadığı yeri de unutmalı, o an bulunduğu yerde mutlu olmalıydı. Tam anlamıyla bir unutma halinden, hatta neredeyse bir dakika öncesini bile unutma halinden bahsediyordu. Bir tür demans.

"Bir yerde yaşıyorken eskiden yaşadığın başka bir yerde olmanın hayalini kurma. Orada yaşadığın zevkleri, güzellikleri düşünme. Nerede yaşıyorsan oranın güzelliklerine bak, orada nasıl yaşanır onu anlamaya bak."

Bir köle olarak dünyaya gelen Epiktetos, ilerleyen yıllarda da Roma imparatoru tarafından diğer bütün filozoflar gibi kovulmuş ve yaşamak için Nikopol'e gitmiştir.

Belki de bunun içindir ki yaşayacağı bir yer olduğu sürece bunun neresi olduğunu önemsememiştir. Şöyle der:

"Kimsenin beni kovamayacağı bir yere gitmek istiyorum. Yaşamanın herkese açık olduğu bir yere. Giyim kuşama gelince zavallı bedenime ne uyarsa onu giyerim."

Hayat denen bu festivalin zorluklarını da unutmuyordu. Fakat bunu da yine bütün bir yaşama yaymıyor, yine "an"dan bahsediyordu.

"İnsan hayatında zor bir an vardır. O zor anda Tanrı'nın seni bir güreşçiymişsin gibi zor bir rakiple karşı karşıya getirdiğini hatırla. Belki neden diye soracaksın. Zaferi kazanman için yeteri kadar ter dökmen ve eziyet çekmen gerekir."

Yani bir kez daha insanları hayatın bütün anlarına dikkat etmeye, her bir anın altmış saniyesini yaşamaya davet etmektedir. Yıllar sonra ondan etkilenen William Faulkner'ın, "Bana hiçlik mi keder mi deseler, ben kederi seçerim" demesi gibi. Keder anları da insanı yüceltir. Ayrıca şöyle der:

"Başınıza gelen başınıza geldiğini düşündüğünüz şey değildir."

Tasavvufa çok yakın bu duruş, aynı zamanda bizi olayları hemen değerlendirmemeye, yargılamamaya, yeteri kadar düşünmeden bir kanıya varmamaya da ikna etmek istemektedir. Hayatta karşılaştığımız insanlar için de aynısı geçerlidir. Epiktetos şöyle der:

"Birinin yanlış yaptığını düşündüğün şeylere hemen karar verme. Önce onu neden öyle yaptığını anlamaya çalış."

"Düşmanından nasıl mı intikam alırsın?
En asil hayatı yaşayarak."

"Bir insanı
koşullar
oluşturmaz,
koşullar sadece
onun
kim olduğunu
ortaya koyar."

"Güneşin, ayın, yıldızların, yerin ve denizin tadını çıkaran kişi ne yalnızdır ne de çaresiz."

Epiktetos Romalı stoacılar arasındaki en çok Tanrı inancı olan filozoftu. Bilindiği üzere onun hiçbir yazılı eseri yok, ancak öğrencilerine anlattıklarında Tanrı her zaman çok fazla yer alırdı. Onun öğretilerini daha sonra yazıya döken öğrencisi Arrianus şu sözlerini de es geçmiyor:

"Bir bülbül olsaydım, bülbül gibi şakırdım; bir kuğu olsaydım kuğu gibi yüzerdim, ama ben bir insanım ve benim görevim Yaradan'ın sözlerini hatırlatmak. Yaşadığım sürece bu görevimden asla şaşmayacağım ve sizi de bu görevde bana eşlik etmeye davet ediyorum."

Epiktetos Tanrı'ya olan inancında ve sadakatinde nettir. Bundan bir an bile ödün vermez, hiçbir şeye bağlanmamak "Tanrı" için geçerli değildir. Kendisini de sırf Tanrı'nın yarattığı bir mahluk olduğu için kıymetli görür. Yoksa aslında belki de her şeyden olduğu gibi kendinden de vazgeçecektir. Şöyle der:

"Herkesten önce memnun, hizmet ve itaat etmem gereken biri var: Tanrı. Ve o beni bana emanet etti: Beni sadece kendimden mesul kıldı ve bunu yapabilmem için de kuralları belirledi.

Tanrı bana 'Epiktetos eğer mümkün olsaydı seni de sahip olduğun bedeni de tamamen özgür ve başıboş bırakırdım' dedi. 'Ama sakın ha aldanma, bu beden senin değil. O sadece şekle giren bir kil. Her an yanında olamayacağım için sana kendimden bir parça verdim. Bu benden parça ile bir şeyleri arzulayacak, onlara sahip olacak, yeri gelip onlardan kaçınacak ve mantığını izleyerek bunları anlamlandıracaksın. Bunu görmezden gelmeyip içinde ne varsa ortaya koyarsan asla hayal kırıklığına uğramayacak, engellerle karşılaşmayacaksın. Hiçbir zaman kederlenmeyecek, hiç kimseyi suçlamayacak ya da göklere çıkarmayacaksın. Sahip olduğun bu değeri sakın ha küçümseme. Elindekinin kıymetini bilmelisin.' "

Epiktetos insanın içindeki Tanrı parçacığına güvendiği sürece dünyada acı çekmeyeceğini düşünmektedir. Bunun sebebi başına hiçbir şey gelmeyecek olması değil, başına ne gelirse gelsin bunun Tanrı'dan geldiğini bilerek kabullenmesidir. Epiktetos dinden bahsetmez, daima içimizdeki Tanrı'ya dönmemiz gerektiğini vurgular.

"Huzuru yakalamış olan insan bana hiçbir kötülük gelmez der. Evine ne bir hırsız uğrar ne de deprem diye düşünür. Her şeyde huzur, sükûnet vardır. Hiç kimsenin, hiçbir komşusunun, yoldaşlarının ona zarar vermeyeceğini, veremeyeceğini bilir. Gerektiğinde biri onu besler, başka biri kıyafetler verir, biri yeni bir bakış açısı sunar ve bir başkası da onu anlar. Bunların hiçbirini göremediğimde, alamadığımda, Tanrı artık beni çağırmaktadır diye düşünür. Tanrı'nın 'Bana gel' dediğini bilir. Korkmasına gerek yoktur. İçindeki ateşe, içindeki toprağa, içindeki suya ve içindeki ruha dönecektir. Artık her şey ruhani ve yücedir. Güneşin, ayın, yıldızların, yerin ve denizin tadını çıkaran kişi ne yalnızdır ne de çaresiz.

Daha çok düşün: Kendini tanı: Tanrı'ya danış: Tanrı'nın kelamı olmadan elini hiçbir şeyin üstüne koyma.

Tanrı dünyadaki her şeyi, hayır hayır, dünyanın kendisini özgür ve mükemmel yarattı. Ve dünya üstündeki her şey bir başkasına hizmet eder. Bu yüzden de hiçbir varlık onun tam olarak bu dünyayı nasıl yönettiğini anlayamaz. Ancak bilmeliyiz ki bunu anlayabilmek için gerekli her şeye sahibiz. İnsan sadece dünyanın bir parçası olduğunu değil, hangi parçası olduğunu da ve bütüne nasıl faydası olacağını da anlayabilir. İnsan doğuştan yüce ruhlu ve özgür olduğu için onu çevreleyen şeylerin iki tür olduğunu görür. Bazısının önünde hiçbir engel yoktur ve sadece kendi istediğini yapar. Bazısının kaderi ise başkalarının isteklerine tabidir. Eğer insan yaptığı her şeyin kendi kararı olduğuna inanırsa özgür, mutlu, asil ruhlu ve Tanrı inancına sahip olacaktır. Her şey için Tanrı'ya şükredecek ve olan hiçbir şeyde hata bulmayarak her şeyi kabullenecektir. Ancak kendine değil de dış dünyadakilere inanırsa korktuğu ve arzuladığı şeyler üzerinde gücü olanların kölesi olacak, özgürlüğü kısıtlanacak ve Tanrı'nın ona zulmettiğini düşünecektir."

Tanrı insanı kendine emanet etmiştir, zira onun içinde Tanrı'dan bir parça vardır. Epiktetos bunu söylemektedir. Dolayısıyla ona göre bizler nasıl davranmamız gerektiğini aslında derinimizde bilmekteyizdir; sadece içimizdeki sese, kalbimize ama en önemlisi doğamıza kulak vermemiz gerekir. Ne yaparsak kendimize yaparız. Mutluluk da mutsuzluk da bize bağlıdır. Kaderimiz içimizdeki Tanrı parçacığını ne ölçüde dinlediğimiz ile alakalıdır. Bütün bunları kendi döneminin koşullarından örnekler vererek anlatır.

"Mutsuz birini görürseniz mutsuzluğunun sebebinin yine kendisi olduğunu hatırlatın. Zira Tanrı herkesi mutluluğu anlayabilecek şekilde yarattı.

Seyahatin, yolların ve yolculukların bazı kuralları vardır. Yola çıkan tek başına yolculuk etmemek için mühim birinin ona eşlik etmesini bekler. Bir elçi, belki bir vali... Böylelikle gideceği yere güven içinde gidebilecektir. İşte bilge adamın yaptığı da budur. Yolda tiranlar, hırsızlar, fırtınalar, dalgalar vardır. Peki zarar görmeden bunların arasından nasıl geçecektir? Korunmak için nasıl birini beklemelidir? Zengin bir adamı mı? Güçlü birini mi? Belki de Sezar'a güvenmelidir, ha? Ona kimse bir şey yapamaz öyle değil mi? Onun yanında olursa güvende olur. Ama peki ya Sezar ona güvenmezse? Peki ya onu yanından gönderirse? Vahşi doğanın ortasında bırakırsa? Orada başına ne gelir? Ateşlenip hasta düşmez mi? Peki o halde ne yapacaktır? Bir insan kimseye güvenemez mi? Sadık, dürüst, güçlü ve güvenilir biri yok mudur? Böylelikle insan anlar, eğer bu dünyada güvende olmak istiyorsa bir tek Tanrı'nın varlığına sığınmalıdır.

Tanrı'nın varlığını inkâr edenler de vardır, varlığını kabul edip önemi olmadığını ve yeryüzünde olan hiçbir şeyle ilgilenmediğini söyleyenler de. Üçüncü bir grup ise varlığını ve önemini kabul eder ama Tanrı'nın yeryüzünde olanlarla değil, sadece çok mühim ve ahirete dair işlerle ilgilendiğini söyler. Dördüncü bir grup yeryüzünde olanlarla da ilgilendiğine ama bunu sadece geniş anlamda yaptığına, her bir insanı koruyup kollamadığına inanır. Bir beşinci grupta ise Sokrates ve Ulysses vardır ve onlar şöyle der:

'Senin bilgin olmadan kımıldamam bile!' "

"Tanrı herkesi mutluluğu
anlayabilecek şekilde yarattı."

"Kendine gülebilen insan gülebilecek pek çok şey bulabilir."

"Şanslı olan hayat bir sel gibidir. İnişleri çıkışları, çamuru, çağlayan bir sesi vardır ve hep akıştadır."

Bugünün en popüler laflarından biri olan "akışta kalmak" ifadesini belki de ilk kez Epiktetos kullanmıştır. Filozofun güçlü Tanrı inancı onu çok fazla doğaya yakınlaştırmıştır. Tam olarak ne olduğunu bilemediği bu Yaradan'ın bütün mükemmeliyeti içindeki bu evreni yarattığını ve bunun en iyi kanıtının da doğa olduğunu düşünmektedir. Epiktetos için doğaya yakın olmak, tabiatın kurallarına uygun yaşamak, insanın kendi tabiatının da daima farkında olması ve buna göre yaşaması çok mühimdir. Hatta hayatidir. Bu kaideden sapacak olan kişi merkezini bulamaz, mutlu olamaz, huzuru yakalayamaz.

"Bizim tabiatımız nedir? Özgür, asil ve mütevazı olmak. (Çünkü başka hangi yaratık utandığı zaman kızarır?) Doğanın bizi şekillendirdiği halde kadın ya da erkek olarak hayatın zevklerini yaşamak. Bunları doğanın zaten bizim için belirlediği yolda yürümeye devam edebilmek için yapmak.

Bugün yeteri kadar yiyeceğiniz var ama oturup yarın ne yiyeceğiz diye düşünerek ağlıyorsunuz. Kölesiniz! Yiyeceğiniz varsa zaten şanslısınızdır, yersiniz. Yoksa çekip gidersiniz. Kapı açık. Neden ağlarsınız ki? Burada ağlanacak ne var?

Her zaman kapının açık olduğunu hatırla. Çocuklardan daha fazla korkma. Tıpkı onlar gibi oyundan sıkıldığında 'Daha fazla oynamayacağım' de ve çık git. Ama eğer oyuna devam etmek istiyorsan ağlama."

Burada Epiktetos insana hayata daha fazla katlanamayacağı zaman vazgeçmesini mi söylemektedir? Doğrudan değil belki ama ölümden korkulmaması gerektiğini söylediği muhakkaktır. Stoacılar ölüm sonrası bir yaşama inanmadığı için ölümün de bir anlamı yoktur. Epiktetos insanların ölümden sadece artık var olmayacaklarını bildikleri için korktuklarını söyler ve bunu anlamsız bulur.

"İnsanların hoşlanmadıkları var olan şeyler değil, o şeylerle ilgili yargılardır. Örneğin ölüm ürkütücü değildir, sadece onun hakkında sahip olduğumuz fikir korkutucudur. Bu yüzden de canımızı sıkan bir şey olduğunda asla diğer insanları değil, kendimizi suçlamalıyız. Cahil bir insan bir yanlış yaptığında başkalarını, az çok eğitimli bir insan kendini, tamamen eğitimli biri ise ne kendini ne de başkasını suçlar."

İnsanoğlunun ölümü de Tanrı'dan gelen başka her şey gibi kabullenmesi gerektiğini düşünür. Hayatı kabul eden, ölümü de kabul etmelidir.

"Tanrım bana ne istersen gönder, senden gelen her şeyi onurumla kabul etmek için bana bütün kudreti verdin demek varken sen orada oturur titrer, ağlarsın. Ve sonra da Tanrı'yı suçlarsın.

Tanrı insanları onun yaptıklarını ve yarattıklarını izleyebilsin, görebilsin diye yarattı. Ama sadece seyretmek değil, gördüklerini yorumlamaları da gerekir. İşte bu sebepten insanların hayvanın bıraktığı yerden devam etmesi utanç vericidir. Bunun yerine hayvanın bıraktığı yerden başlamalı ve doğanın içimizden çıkıp gittiği yerde bırakmalıdır ki bu da kendiyle uyum halinde olmak, kendini anlamak demektir. Bu dünyadan bunları anlamadan göçüp gitmemelisin.

Ölüm mü? Bırakın ne zaman isterse o zaman gelsin. O da bütünün bir parçasıdır. Bana uç diyorsunuz, uç! Peki nereye uçmalıyım? Herhangi biri beni dünyanın sınırlarının ötesine götürebilir mi? Mümkün değil. Ve nereye gidersem gideyim orada yine ay, güneş ve yıldızları bulacağım. Orada hayaller, alametler bulup tanrılarla konuşacağım."

"Ölüm de bütünün bir parçasıdır."

"İnsanı
kötülüğe,
korkaklığa
iten şey
ölüm değil,
ölüm korkusudur."

"Sen cansız bir bedeni yüklenmiş zavallı bir ruhtan başka bir şey değilsin."

Epiktetos Tanrı'dan bir parça taşıyan insanın da değerli bir varlık olduğunu düşünüyordu. Ancak değeri doğaya ne kadar yakın olursa o kadar artacaktı. Kendini ne kadar maddeden uzaklaştırırsa o kadar kıymetli olacaktı.

"Kendi değerinin ne olduğunu, kendine ne değer biçeceğini yine kendin bilirsin. Çünkü insanlar kendi değerlerini kendilerine göre biçerler. İşte Florus bu yüzden Nero'nun oyunlarında yer almazdı. Agrippinus 'Neden oyunlarda yer almıyorsun?' diye sorduğunda 'Çünkü bu soruyu kayda değer bile bulmuyorum' diye cevap vermişti. Çünkü bu soruyu düşünen ve bunların değerini düşünmeye başlayan biri ne tür bir adam olduğunu unutmaya da yakındır.

Bedenlerimiz hayvanlarınkinden farksız, ama bizim bir zihnimiz var ve düşünebiliyoruz. Bu iki özelliğimiz, yani bedenimiz ve zihnimiz daha doğumda bir araya geliyor. Kimisi bu mutsuz arkadaşlığa katlanamaz, ölmeyi tercih eder, ama kimisi bu eşsiz arkadaşlığın değeriyle yücelir. Doğduğu günden itibaren her insan kendi yaradılışı hangisine müsaitse durumu öyle değerlendirir.

Sadakat, tevazu ve mantığın gerektirdiklerini yerine getiren çok az sayıdaki insan hiçbir zaman kendilerini görmezden gelmezler."

Mantık Epiktetos'un konuşmalarında çok sık geçen bir kavramdır. Mantık çerçevesinde yaşayan insanların hayatlarında fazla bir dirençle karşılaşmayacaklarına inanır. İnsanların ne kadar çok kendileriyle ilgili değiştirebilecekleri şeylerin farkına varırlarsa o kadar kendilerini bulacaklarını ve kendilerini geliştirebileceklerini söyler. Bunu yapamayanlar?

" 'Peki ben neyim?' diye kendine soranlar... Zavallı bedenlerinin içinde zavallı insan evlatları. Onlar gerçekten de zavallılar! Aslında ellerinde o bedenden çok daha fazlası var. Ya bedene ya da zihne tutunmayı tercih edip diğerini görmezden gelirler. Bunu neden yaparlar?"

Epiktetos'un bedenden ziyade ruha ve zihne yatırım yapıyor olması elbette şaşırtıcı değildir. Hatta Platon'un bedeni bir hapishaneye benzetmesini de konuşmalarında hatırlar, hatırlatır. Bazı söylemleri son derece günceldir. "Sen saçından ve bedeninden ibaret değilsin. Senin kim olduğunu belirleyen seçimlerindir ve seçimlerin güzelse sen de güzelsindir" der. Hayat tıpkı zar oynamak gibidir. Bahtınıza ne çıkarsa. Ancak önemli olan zarlar dağıldıktan sonra bahtınıza çıkanla ne yapacağınızdır.

"Bedene sadece ihtiyacı olanını verin ve bunun dışındaki her lüksü reddedin.

İnsan bedeni, yemek, içmek ve diğerleri gibi bedensel faaliyetlerine çok fazla zaman harcamamalı. Bunlar ikincil, anlamaya çalışmak birincil planda olmalıdır.

Yemek yerken aynı anda iki misafire hizmet ettiğinizi düşünün. Beden ve ruh. Bedene verdiğinizi muhakkak kaybedeceksiniz, ama ruha verdiğiniz daima orada kalacak."

Zihin düşünerek geliştirilmesi gereken bir şeydir. Ve işte felsefe de bu noktada devreye girer.

"Felsefenin başlangıcı insanın kendi zihnini bilmesidir. İnsan aklının en zayıf olduğunu hissettiği anlarda ona büyük sorular sormak da istemez. Tek bir lokma yiyemeyecek adamın önüne koca tabak konulmaz. Yediğini ya kusacak ya da hasta olacaktır. Halbuki yapması gereken kendi kapasitesini düşünmeyi bırakmaktır.

Bir adamın bir ilkeyi benimsemesi kolay bir şey değildir, bunu bilmen gerekir. Bir adamın bir ilkeyi benimsemesi için ona her gün sahip çıkması, sahip çıkıldığını duyması ve hayatında bire bir kullanması gerekir."

Epiktetos bunu en azından kendisi uygulamıştır. Yine tasavvufta olduğu gibi ya göründüğün gibi ol ya da olduğun gibi görün felsefesinden yola çıkarak kendisi giyim kuşamına, bedensel herhangi bir hazza önem vermemiş, yaşamı boyunca düşünce gücünü geliştirmeye uğraşmıştır. Bugüne kadar ulaşan felsefesi şüphesiz bu uğraşın sonucudur. Epiktetos insanı değerli bulur, ancak kendi değerini çok abartmaması gerektiğini de onu devasa evrenle karşılaştırarak yapar.

"Evrenle karşılaştırıldığında nasıl bir şey olduğunun farkında mısın? Ne bedenin ne de zihninle ne Tanrı mertebesindesin ne de ondan aşağıdasın. Zira zihnin büyüklüğü madden değil manen ölçülür. Verdiğin kararlarla."

"Tek bir lokma yiyemeyecek adamın önüne koca tabak konulmaz."

"İnsanları
mutsuz
eden olanlar
değildir,
o olanlara
sebep olan
prensiplerdir."

"Bir adam sadece sahip olduğu şeyleri kaybedebilir."

"Şunu hiç aklından çıkartma: Dışarıda bir şey kaybettiğinde, içinde bir şey kazanmışsın demektir. Ve eğer kaybettiğin şey çok kıymetliyse, sakın bir şeyi kaybettiğini düşünme.

Bir kenara yığılmış ev eşyalarımın arasında bir de demir lambam vardı. Sonra kapıda bir ses duydum ve lambamı alıp gittiklerini gördüm. Bunu hiç tuhaf bulmadım. Yarın, dedim, senin de bir lamban olmaz. Çünkü bir adam sadece sahip olduğu şeyleri kaybedebilir."

John Lennon, bir şarkısında hiçbir şeye sahip olmadığınızı hayal edin demiş ve milyonları peşinde sürüklemiştir. Epiktetos da bundan iki bin yıl önce aynısını söylemektedir. Malınız mülkünüz yoksa bunları kaybedemezsiniz de ve bunları kaybetmekten korkmazsınız da. Onun insanların sahip olduğunu hayal ettiği şeye paha biçilemez: Akıl.

"Lambamı kaybetmemin sebebi adamın uykusuzluğa benden daha dayanıklı olmasıydı. Ancak o lamba için ödediği bedel de hırsız olmayı ve inancını kaybetmeyi kabul etmek demekti.

Eğer, 'Başka her şeyi bırakıyorum, özgür olduğum sürece mutluyum. Başımı kaldırıp özgür bir adam olarak her şeyle başa çıkabilirim. Göğe, Tanrı'ya dostlukla bakabilirim. Gelecek hiçbir şeyden korkmam!' diyen genç bir adam görürseniz onu bana gösterin. Ona derim ki: 'Gel bakalım genç adam, senin olanı al. Zira sen bir filozofsun. İşte kitapların, işte derslerin!' "

Bir şeylere sahip olma duygusuna bir memlekete sahip olmak, kendini bir yere başka her yerden daha çok bağlı hissetmek de dahildir. Bırakmak demek, her şeyi bırakmak demektir. Neredeyse benliğini de. Tamamı ile doğaya teslim olmak, yerkürenin bir parçası haline gelmek demektir. Bize verilmiş olan her şey ki buna ilişkiler, sevgiler de dahildir, aslında bize ait değildir. Hepsi emanettir ve bir gün zamanı geldiğinde bırakılacaktır. "Bir şeyi kaybettim demeyin" der. "Bir şeyi geri verdim" deyin. "Çocuğunuz mu öldü, onu geri verdiniz. Karınız mı öldü? Onu geri verdiniz. Malım çalındı mı diyorsunuz? O da geri verildi." Ancak bir şeye sahip olduğumuz sürece ona iyi bakmamız gerektiğini de söyler. Emanet önemli bir kavramdır.

"Memleketimi özledim diyor biri. Ah zavallı adam! Bugün gördüklerin seni mutlu etmiyor mu? Güneşten, aydan ve yıldızlardan daha güzel bir şey var mı? Yeryüzünden ve denizden? Eğer bu evreni yaratanı ve yöneteni içinde hissediyorsan ve onu içinde duyabiliyorsan geriye kalan her şey toz toprak parçasıdır. Güneşe ve aya veda etme zamanı geldiğinde de oturup çocuklar gibi ağlayacak mısın?

Hiçbir şeyi olmayan, bir evi, bakımı, giyimi kuşamı, hizmetçisi, şehri olmayan biri nasıl mutlu olabilir? Durun. Tanrı size bunun nasıl olabileceğini göstermek için birini gönderdi. Benim bir evim, malım mülküm ya da hizmetçilerim yok. Yeryüzü benim koltuğum. Bir karım yok, çocuklarım, başımın üstünde bir dam yok. Sadece yer ve gök ve eski bir kaban. Peki neyim eksik? Kederlerim, korkularım yok mu? Özgür değil miyim? Ne zaman bir kararı Tanrı'ya ya da diğer insanlara bıraktım? Kimi ne zaman suçladım? Beni hiç kederli gördünüz mü? Ve korku ve şaşkınlık dolu olanlarınıza nasıl davrandım? Beni gören hangi insan kendisinin patronunun kölesi olduğunu düşünmez?"

"Varlık çok şey sahibi olmak değil,
az şey istemektir."

"Zengin olan
kim midir?
Mutlu olan."

"Tanrım, bana değiştiremeyeceğim şeyleri kabullenmek için kuvvet, değiştirebileceğim şeyler için cesaret ve bu ikisini birbirinden ayırmak için akıl ver."*

Her dinden insana hitap edebilecek bilgelikte olan bu sözlerin menşei Amerikalı bir din adamıdır ve bunları 1934 yılında yazmıştır. Ancak bugün hemen herkesin dualarında duyabileceğiniz bu anlayış yine iki bin yıl öncesine, Epiktetos'a kadar gitmektedir. Yıllar içerisinde şekil değiştirip bu halini almıştır.

"Bazı şeyler bizim kontrolümüzdedir ve bazı şeyler de değil. Kontrolümüz altında olanlar fikirlerimiz, arzularımız, nefretimiz, isteklerimiz ve tek bir kelimeyle söylenecek olursa bizim yaptıklarımızdır. Kontrolümüz altında olmayanlar ise bedenimiz, varlıklarımız, ünümüz, sahip olduklarımız ve tek bir kelimeyle söylenecek olursa yapmadıklarımızdır... Eğer bunlardan hangisinin size ait

---

* Bu kitapta bir tek bu alıntı Epiktetos'a ait değildir.

olduğunu bilirseniz hiçbir zaman zor durumda kalmazsınız, hiç kimseyi yargılamazsınız ve yaptığınız her şeyi gönülden yaparsınız. Tek bir düşmanınız olmaz, kimse sizi incitemez, çünkü tüm bunlara karşı sizi koruyan bir kalkanınız olur."

Epiktetos bu noktada yine kendini hayatın akışına bırakmayı düstur edinmek konusuna değinir.

"Öğrenilecek en önemli şey şudur: Her şey geçer. Peki nasıl geçer? Kişi geçmesini bekler. Geçtiğine göre artık yaz gelecektir, kış gelecektir, bolluk gelecektir, kıtlık gelecektir, kötülük gelecektir, erdem gelecektir. Ve başka bütün tezatlar bütünün ahengi için bir araya gelecektir."

Bu düşünceye göre sabırlı olmak en önemlisidir. Ne yaparsanız yapın bugün istediğiniz bugün olmayacaktır. Her şeyin kendi zamanı vardır. Belki de hiçbir zaman arzunuza kavuşamazsınız, ama bu da beklemenin, sabretmenin, kabullenmenin bir parçasıdır. Size gelecek olan işinize yarayacak ya da sizi hayata karşı güçlendirecek bir düşünce bile olsa bunun da zamanı olabilir.

"Bütün güzel şeyler yavaş büyür. Bir üzüm tanesi de bir incir de. Bana bir incir istediğini söylersen zamanı var, bekle diye cevap veririm. Ağacın önce çiçekleri açacak, sonra meyveye duracak ve sonra da meyve olgunlaşacak. İşte bir düşünce de öyledir. Nasıl ki olmamış bir inciri kopartıp yiyemezsen olgunlaşmamış bir fikri de zihninden çekip çıkartamazsın."

İnsanoğlu yaradılış olarak sabırsızdır. Çoğumuzun yaşantısı beklemek üzerine değil istemek üzerine kuruludur. Oysa Yunan mitolojisinde Kronos olarak bilinen zamanın tamamı ile kendine göre bir akışı vardır ve biz bir şeyler yapıyoruz zannederken bile ona tabiyizdir. Üstelik bunun farkında bile olmayız. İtiraz ederiz, isyan ederiz, kimi zaman da bilgelerden yardım isteriz. Epiktetos bunları bizden çok önce yaşamış, deneyimlemiştir.

"Pek çok kişi gibi talihsizliklerle karşılaştığına inanan bir adam benden onun adına Roma'ya bir mektup yazmamı istedi. Önceden çok zengin ve saygın biriyken şimdi her şeyini kaybetmişti. Onunla ilgili mütevazı bir mektup yazdım. O ise mektubu okuduktan sonra bana döndü ve 'Senden yardım istedim, bana acımanı değil' dedi."

Oysa bu adam o acınacak haliyle yaşamayı öğrenmeliydi. Ta ki halinin aslında acınacak gibi olduğunu artık düşünmeyene kadar. Bunun ona zarar değil, bir fayda sağlamak için olduğunu idrak edene kadar. Kendini akışa bırakmalıydı. Herkesin, hepimizin yapması gerektiği gibi.

"Kendi gibi olamayanların cezası nedir? Yalnızlık mutsuzluk mu getirir? Bırakın yalnız kalsın. Anne babasıyla derdi mi var? Bırakın kötü bir evlat olsun, şikâyet etsin. Çocuklarından mı bıkmış? Bırakın kötü bir baba olsun. 'Onu kabahatlerinden dolayı zindana atın!' mı dediniz? Hangi zindan? O zaten bir zindanda: Çünkü o istemeden orada. Ve bir adam iradesine rağmen bir yerdeyse orası ona zindandır.

Sokrates sınavdan geçmemiş bir hayat yaşamamamız gerektiğini söyler. İşte bu yüzden mahkeme önüne çıkmadan önce hazırlanması gerektiği söylendiğinde 'Bütün bir hayatım boyunca bu sınava hazırlanıyordum ben' demiştir."

En nihayetinde bir şeye sahip olmadığımız zaman zaten onu kaybedemeyiz. Epiktetos'un ısrarla anlatmaya çalıştığı, defalarca vurguladığı şey budur: "Senin olmayan bir şeyi zaten kaybedemezsin."

"Size sahip olduğunuz her şey küçük görünüyor. Bana ise sahip olduğum her şey büyük. Arzularınız doymak bilmiyor, benimkiler ise tatmin olmuş halde. Çocukların fıstık ve incirleri almak için ellerini nasıl da dar boğazlı

bir kavanoza soktuklarına bakın. Ellerini geri çıkartamazlar ve ağlamaya başlarlar. Onlara dersin ki: 'Birkaç tanesini bırak ki birazını çıkartabilesin.' Siz de arzularınızı bırakın. Bırakın ki hepsine kavuşun."

"Nasıl ki olmamış bir inciri kopartıp yiyemezsen olgunlaşmamış bir fikri de zihninden çekip çıkartamazsın."

"İnsanın gerçekten ne olduğunu gösteren şey yaşadığı zorluklara verdiği tepkidir.

"Sana nereli olduğun sorulduğunda asla bir memleket adı söyleme, dünyanın bir insanı olduğunu unutma."

Dünya insanı kavramını da belki de ilk kullanan kişi Epiktetos'tur. Bu bir yere ait olmamakla ilgili olduğu gibi aynı zamanda dünyanın içinde her yerde kendine bir yer bulabilmek, orada yaşayabilmek, yalnız hissetmemekle ilgilidir. Ama zaten Tanrı'dan bir parçayı içinde taşıyan insan hiçbir zaman yalnız değildir. En büyük yoldaşı O'dur. Epiktetos insana dünyada bir başına olmadığını, olmaması gerektiğini, toplumun bir parçası olduğunu sürekli hatırlatmaktadır.

"Bu hayatta tek başımıza mıyız? Herkesten ayrı? Bir ayağı sadece ayak olarak düşünün. Çamurda yürür, dikenlere dolanır ve bazen gerektiğinde bütün bir vücudun iyiliği için kesilir. Yoksa zaten o artık bir ayak değildir, görevi yeri geldiğinde kesilmektir. Bazen biz de bir ayağız.

Kimisi kendini duvarların, evlerin arkasına saklayabilir. Kendisini karanlığa gömebilir. Saklanmanın pek çok yolu vardır. Bazısı kapısını kapar ve biri gelecek olursa gittiğimi söylersiniz der. Ama gerçek bir kinik bunların hiçbirini yapmaz. Bunun yerine kendini tevazu ile sarmalar: Yoksa utanacak ve açık gökyüzünün altında çıplak kalacaktır. Bu onun evidir, bu onun kapısıdır, bu onun kapısında bekleyen insandır ve bu onun karanlığıdır!

Bu dünya büyük bir şehirden ibaret. Bazı yerleri diğerleri daha iyi olabilsin diye yok oluyor, bazıları yer değiştiriyor, bazıları boyun eğiyor. Ama en nihayetinde hepsi dostlarla, doğanın birbirine bağladığı insanlarla dolu.

Sen nesin? Bir insan. Kendi başına sağlıklı ve zengin bir şekilde yaşaman doğal olandır. Ancak toplum içinde bir adam olarak gün gelir hasta olursun, gün gelir denizde bir kahraman olur, hatta belki bütün için erken bile ölürsün. O halde neden yakınıyorsun? Bir ayak bedenden ayrılırsa artık ayak değildir. Ve sen de eğer toplumdan ayrılırsan artık bir insan olmazsın. Peki bir insan nedir? Bir şehrin bir parçası. Hem vücudumuzun hem de bizi sarıp sarmalayan bir dünyada bizim ve diğerlerinin başına bir şeyler gelecektir. O halde senin payına düşen başına gelenleri anlatmaktır."

Epiktetos şüphesiz bununla topluma faydalı olmayı vurguluyordu. Toplum bir vücut gibi düşünülecek olursa her bir insanın bu vücudun bir uzvu olduğunu söylüyor ve buna uygun hareket etmesini söylüyordu. Ancak çok önemsediği bir ayrıntı vardı. O da aslında her insanın ağzına konan kelamın Tanrı'dan geldiğiydi.

"Benim sana söylediklerimi eve gidip düşündüğünde kendine şunu söyle: 'Bana bunları söyleyen Epiktetos değil. O olamaz. Hayır. Bana bunları söyleyen onun aracılığıyla cömert Tanrı'dır.' Doğru, eğer bir karga geliyor ve sana gagasıyla bir şey söylüyorsa bunu söyleyen karga değildir, karga aracılığıyla sana haber gönderen Tanrı'dır. Tanrı sana bir şeyi söylemek istediğinde bir insana bunları söyletecektir."

Epiktetos toplum içinde nasıl davranılması gerektiğine dair de öğütlerde bulunuyordu. Onun felsefesinde kimse birbirinden daha üstün ya da daha aşağı değildi. Zihnine önem verdiği, kendini geliştirdiği sürece herkes kıymetliydi. Maddi koşullar onları bir göstermiyor olabilirdi, ama zaten Epiktetos'a göre bu bir ölçüt de değildi. En nihayetinde kendisi bir köle olarak dünyaya gelmiş, ancak düşünceleri sayesinde önce kendi içinde sonra da toplum içinde özgürleşmişti.

" 'Benim neyim eksik?' diye soruyorsun.

Neyin mi eksik? Zihninin kararlılığı. Doğanın sana verdiği sakinlik.

Benim umurumda olmayanlar senin umurunda. Senden daha zenginim: Sezar benim hakkımda ne düşünecek diye endişelenmiyorum. Kimseyi övüp durmuyorum. Altınlar ve gümüşler yerine sahip olduğum şey bu işte. Senin altınların olabilir ama mantığın, ilkelerin, kabul edilmiş görüşlerin, eğilimlerin ve arzuların sadece kilden.

Kendine yapılmasını istemediğini bir başkasına yapma. Köle olmak istemiyorsan, o zaman başkalarını da köleleştirme.

İnsanlar senin hakkında iyi şeyler söylesinler istiyorsan onlar hakkında iyi şeyler söyle. Onlar hakkında iyi konuşmayı öğrendikten sonra onlara iyilik yapmayı öğren."

Ancak ne olursa olsun, her şeyden önce gelen insanın kendini geliştirmesi, kendini bilmesiydi; ancak o zaman toplum içinde de değerli olabilirdi.

"Nasıl ki bazı şarkıcıların sesi sadece koronun içinde güzeldir, bazıları da yalnız olamaz.

Koronun içinde kaybolacağına kendi başına yürümeye ve sadece kendinle konuşmaya çalış. Uzun uzun düşün, etrafına bak, harekete geç ve kim olduğunu keşfet!

Kimse bir başkasının karakterini şekillendiremez. Kimse beni iyiliğe ya da kötülüğe teşvik edemez. Ben kendimin efendisiyim ve ne olduğuma ancak kendim karar veririm."

"Tanrı sana bir şeyi söylemek istediğinde
bir insana bunları söyletecektir."

"Sizin ruhunuzu aydınlatacak insanlarla arkadaşlık edin. Başkalarının görüşleri, sıkıntıları bulaşıcı olabilir. Onların üretken olmayan, olumsuz bakış açılarını kabullenerek kendinize kötülük yapmayın."

"Ölmek değil, utançtan ölmek korkunç olan."

Epiktetos'un düşüncesinde insan asla kendini anlatmamalıdır. Hal ve hareketleriyle her şeyi ortadadır ve insan iyi, erdemli, dürüst, doğru olduğu sürece bu ister istemez dışarı yansıyacaktır. Bunlara rağmen eleştirildiğinde yahut kötü bir söz duyduğunda bu da onu bağlamaz; kişi kendini bilir. İnsan tek başına ne kadar iyi olursa olsun karşısındakinin niyeti de önemlidir. Nasıl anlaşılacağı buna da bağlıdır. Şu halde kişi yine içindeki Tanrı'ya danışmalıdır.

"Diyojen ondan bir referans mektubu istendiğinde şöyle cevap vermişti: 'Senin nasıl bir adam olduğunu gördüğünde o zaten anlayacaktır. Eğer iyiyle kötüyü ayırma becerisi varsa senin de iyi biri mi kötü biri mi olduğunu bilecektir. Ama eğer bu kavramları zaten bilmiyorsa ona bin tane mektup yazsam seni yine de anlayamayacaktır.' Tıpkı bir gümüş paranın birine verildiğinde anlaşılması gibi. Gümüş gümüş olduğunu bağıracaktır.

Bir topluluk içinde kendinizle ve yaptıklarınızla ilgili konuşmayın. Anlatacaklarınız ne kadar ilginç olursa olsun başkalarına öyle gelmeyebilir. Kimseyi güldürmeye de çalışmayın, zira bu da başkalarının aptallığına kanmanın ve kendinize duyulan saygıyı kaybetmenin bir yoludur. Kaba konuşmalar da aynı derecede tehlikelidir. Kaba konuşanı susturamıyorsanız bile sessiz kalarak tavrınızı belli edin.

Asla kendinize filozof demeyin ya da bilinmeyen ilkeler hakkında konuşmayın. Ama o ilkeleri uygulayın. Bir yemekte insanlara nasıl yiyeceklerini anlatmayın, gerektiği gibi yiyin.

Bilmeyenler ilkelerden konuşmak isterlerse en sessiz kalan siz olun. Zira hazmedilmemiş bilgileri kusabilirsiniz. Biri kalkıp size hiçbir şey bilmediğinizi söylerse işte o zaman yol kat etmeye başladığınızı anlayabilirsiniz."

Anlaşılmaktadır ki Epiktetos insanlardan en üst düzeyde mütevazılık beklemektedir. Herkesin hakkı er ya da geç verilecektir. Daha doğrusu herkes hakkını er ya da geç alacaktır. Zira stoacı inançta öteki dünya olmadığından bu hayatta yaşanan bu hayatta kalacaktır. Bilimkurgu ve postmodern eserlerin en tanınmış yazarlarından biri olan Kurt Vonnegut "Hümanizm ölümden sonra ödül ya da ceza beklentisi olmaksızın iyi olmaya çalışmaktır" derken muhakkak ki Epiktetos'un hayat kılavuzundan haberdardı. Epiktetos hem iyilik yap denize at, hem de bir iyilik yapıyorsan onu tam yap demektedir.

"Yolunu kaybeden birini bulup doğru yola geri getiren bir adam onunla alay etmez. Ona unuttuğu doğruları yine öğretir, o yoldan gittiğine emin olur. Ama birine doğru yolu gösteremiyorsan onunla alay da etme. Sadece kendine bunu yapabilecek yüreğin olmadığı için kız.

Bir doktor hasta bir adama diyor ki: 'Dostum, ateşin var. Bugün hiçbir şey yeme, su iç.' Kimse buna 'Ne büyük bir hakaret!' diye cevap vermiyor. Ama bir adama kalkıp 'Arzuların zehirli, içgüdülerin zayıf, isteklerin tutarsız, güdülerin doğayla uyumlu değil, fikirlerin olgunlaşmamış ve yanlış' dersen ona hakaret ettiğini söylüyor. Bir ayna insanı tam olarak göründüğü gibi gösterdiğinde olgunlaşamamış insanı kızdırıyor.

İki tür körelme vardır. Biri anlayışın körelmesi; ve bir de utanma duygusunun. Bu, bir insan ne zaman basit gerçekleri kabul etmeyi reddetse ve kendiyle çelişmekte inat etse başa gelendir. Pek çoğumuz bedenimize laf edildiğinde kahroluruz ve bunu yaşamamak için elimizden geleni yaparız. Ama konu zihnimiz olduğunda hiç ilgilenmeyiz bile."

"Bugüne kadar pek çok bilge insanla tanıştım o yüzden de bilgeyim diyorsun. Ben de pek çok zengin insan tanıdım ama zengin değilim."

"Kendin de
yargılanana
kadar
kimseyi
yargılama."

" 'Fikrim değişmez' kadar tehlikeli bir laf olamaz. Deliler de kendi sanrılarına inanırlar ama ne kadar çok inanırlarsa tedaviye de o kadar çok ihtiyaç duyarlar."

Epiktetos her şeyden önce insan zihninin esnek olması gerektiğini söyler. Bir düşünceye ya da inanca saplanıp kalmak insanın ilerleyişini durduracaktır. Bir konuya başka açılardan bakmak, susmak, dinlemek, gözlemlemek, anlamaya çalışmak temel davranış şekilleri olmalıdır. Ayrıca daha önce de bahsettiğimiz gibi siz kendinizi ne kadar anlatırsanız anlatın karşınızdaki bunu anlayabilecek kapasitede olmayabilir. Bu durumda yapılacak bir şey yoktur, ancak bundan çıkartılacak bir ders vardır: O anlamayan, anlamaya çalışmayan kişi olmamak. Epiktetos bunu kendi yaşadığı bir diyalogla anlatır:

"Epiktetos, pek çok kereler seni dinlemeye geldim ve bana hiçbir zaman bir cevap vermedin. Eğer şimdi mümkünse lütfen bana bir şey söyle."

"Sence konuşmak sanatı diye bir şey var mıdır? Yetenek gerektiren ve dinleyene faydası dokunan bir konuşma şekli?"

"Evet."

"Peki ya her dinleyici fayda görür mü yoksa sadece bazıları mı? Galiba konuşmak kadar dinlemek de bir sanattır... Bir heykel yapmak yetenek isterse ona bakmak da yetenek ister."

"Kabul ediyorum."

"Ayrıca felsefe konuşması dinleyecek birinin bu konuda iyi eğitimli olması gerekir. Öyle değil mi? Hangi konuda beni dinledin?"

"İyi ve kötü hakkında."

"Neyin iyisi ve kötüsü? Bir atın mı? Bir öküzün mü?"

"Hayır insanın."

"Peki insan nedir, biliyor muyuz? Doğası nedir? Onun hakkında ne düşünürüz? Ve kulaklarımız bu konuda ehlileşmiş midir? Hayır. Doğa ne anlıyor musun? İzah etmek zorunda olduğumu söylediğimde beni hangi derecede anlıyorsun? İzahat nedir biliyor musun? Doğru ya da yanlış nedir biliyor musun? Seni felsefeyle mi tanıştırmalıyım? Seninle konuşmaktan ben ne kazanıyorum söyle. Beni heveslendir. Neden böyle bir arzu duyayım? Koyun sevdiği otları gördü mü iştahlanır. Ona taş ya da ekmek göster yerinden kıpırdamaz bile. Dolayısıyla bizim de doğal bazı arzularımız vardır. Mesela konuşmaya değecek insanlar. Bizim

içimizdeki ruhu canlandıracak bir dinleyici. Ama bir taş ya da ot gibi oturursa ben neden konuşma arzusu duyacağım?"

"O halde bana hiçbir şey söylemeyeceksin?"

"Sana sadece şunu söyleyebilirim: Kim olduğunu bilmeyen, ne için doğduğunu bilmeyen, bu dünyanın nasıl bir yer olduğunu anlamayan, o yüzden de ne işe yaradığını bilmeyen, iyiyle kötüyü birbirinden ayıramayan, güzellikle çirkinliği ayırt edemeyen... Doğruyla yanlışı bilemeyen hiçbir zaman arzularını, içgüdülerini ve tiksindiği şeyleri şekillendirirken mantığını kullanmayacaktır; aslında hiçbir şey bilmezken tek kelimeyle kör ve sağır dolaşacaktır. Ama bu şaşırtıcı bir şey mi? İnsanlık başladığından beri zaten bütün hataların sebebi bu cehalet değil midir?

Sana bütün söyleyeceğim bu ki bu bile fazla. Neden? Çünkü sen benim ruhumu canlandırmadın. Ben sende diğer atların ruhunu canlandıran cinsten ne görebilirim? Bedenin mi? Kötü davrandığın bedenin. Kıyafetin mi? Bu şık kıyafet. Davranışın mı, bakışların mı? Hiçbiri. Bir filozofu duymak istediğinde ona sen bana hiçbir şey demiyorsun deme, sadece bir şey duymaya değer olduğunu göster ve o zaman onu nasıl harekete geçireceğini gör.

Bir insan felsefenin peşine düşecekse yapması gereken ilk şey fikirlerini bir kenara bırakmaktır. Çünkü zaten her şeyi bilen bir adamın bir şey öğrenmesi imkânsızdır."

Epiktetos'un ders niteliğindeki bu kısa diyaloğu aslında bugün de bize hayatın her alanında, dostluklarda, işimizde, özel hayatımızda, ilişkilerimizde kılavuzluk edebilir. Bazı insanlar ne kadar anlatırsak anlayalım "gerçekten" duymayacaktır. Ancak kendimizi kandırmayalım, biz de belki başkalarına kulaklarımızı inatla kapatacağızdır. Şöyle der Epiktetos:

"Artık şu atasözünün anlamını biliyorum: 'Bir aptalı ne bükebilirsin ne kırabilirsin.' Neyse ki böylesine 'akıllı' bir aptal arkadaşım yok."

"Her şeyi bilen bir adamın
bir şey öğrenmesi imkânsızdır."

"Doğa bana
bir dil ve iki
kulak verdi.
Bir söyleyip
iki dinleyeyim
diye."

"Eğer bir kez öfkelendiyseniz içinizde artık kötülük olduğundan emin olabilirsiniz. Çünkü o huyu körüklediniz, ateşini harladınız."

Epiktetos'un insanlığa kazandırmaya çalıştığı belki de en önemli prensip şudur:

"Kötü sözlerin ya da davranışların hiçbiri aslında kötü değildir, onları kötü yapan sizin onları nasıl anladığınız ve yargıladığınızdır. Yani kendinizi aslında kendi düşüncenizin sinirlendirdiğinin farkına varın. Düşüncelerinizin sizi alıp sürüklemesine izin vermeyin. Tepkilerinizi yavaşlatmayı ve geciktirmeyi bir kez öğrenirseniz bu alışkanlık haline gelir ve hep öyle yaparsınız.

Huylar ve davranışlar yaptıklarımızla desteklenir. Daha önce hiç olmayan huylar ortaya çıkar, var olanlar güç kazanır, artar. İşte filozoflar zihnin hastalıklarının başlangıcı olarak bunları görürler. Diyelim ki bir şeyi çok arzuladınız ve onun peşinden gittiniz. Eğer kontrol altına almazsanız, artık bunun dönüşü yoktur. Tam tersi bir dahaki sefer öncesinden de daha çabuk alev alacaktır. Alışkanlık tekrarlandıkça zihin de nasırlaşır ve bu zihinsel hastalık hırsa dönüşür.

Bir kez ateşlenen kişi sağlığına kavuştuğunda bile tedavisi tamamlanmamışsa artık aynı kişi değildir. İşte zihin hastalıkları için de aynı şey geçerlidir. Zihnin arkasında izler, iltihaplar kalır ve eğer tamamen silinmezlerse o iltihaplar uçuklara dönüşür. Eğer öfkeye alışmak istemiyorsanız, bu huyu körüklemeyin. Artmasına sebep olacak hiçbir şeyi yapmayın. Önce sessiz kalın ve sinirlenmediğiniz günleri sayın. 'Eskiden her gün sinirlenirdim. Sonra iki günde bir oldu, sonra üç günde bir.' Otuz gün geçtiğinde Tanrı'ya şükredin. Bedeninize yenik düştüyseniz bunu hemen bir yenilgi olarak da kabul etmeyin."

Epiktetos burada çok önemli bir noktaya değinir, kim bilir belki de bunu bir öğrencisinin sorusu üzerine söylemiştir. Peki ya yapamazsam? Otuz gün denersem ve hâlâ kendime hâkim olamıyorsam? En ufak bir şeyde parlıyor, öfkeme yenik düşüyorsam? Nihayetinde Epiktetos bunu iki bin yıl önce söylemişti. Ortam ve koşullar bugünkünden çok daha farklıydı. Trafik denen bir şey yoktu, nüfus daha azdı, dijital ortamda her gün on şifre hatırlamak zorunda kalmıyor ya da elimizde ufacık bir kâğıt parçası saatlerce bir bankonun önünde sıra beklemiyorduk. Epiktetos buna şöyle cevap vermişti:

"Eğer sahip olduğunuzdan daha güçlü bir karakteri oynarsanız aslında hem zayıf düşmüş hem de gerçekten güçlü olanı ihmal etmiş olursunuz."

Yine başa dönüyoruz, insan önce içe dönmeli, düşünmeli, kendini, kişiliğini güçlendirmeli ve sonra toplumun bir parçası olmaya soyunmalı.

"Eğer bir insan başkalarıyla iletişim halindeyse, onlarla muhabbet ediyor, eğleniyor ya da sadece tanışıyorsa ya onlar gibi olmak zorundadır ya da onları kendine benzetmelidir. Bir kömür parçası yananların yanına konduğunda onlarla birlikte yanacaktır. İşte böyle bir tehlike varken insanın kiminle omuz omuza duracağı çok önemlidir. Kirli biriyle arkadaşlık eden temiz kalamaz. İnsanlar hakkında konuşulduğunda, hatta onlar yargılandığında ne yapacaksın? Diyelim ki biri başkalarına hakaret ediyor, sinirleniyor, bağırıp çağırıyor. Aramızda bir kavalcı var mıdır ki bir notaya dokunduğu anda yanındakini doğru yola getirsin? Aranızda Sokrates'e benzeyen, konuştuğu herkesi ikna edebilen biri var mıdır? Hayır, bir oraya bir buraya çekiştirilirsin. O halde nasıl oluyor da bazıları senden daha güçlü görünüyor?

Çünkü onlar söylediklerine gerçekten, kalpten inanıyorlar. Bütün o çürümüş fikirlerine gerçekten inanıyorlar. Senin doğru düşüncelerin ise sadece dudaklarından dökülüyor ve kimseyi ikna edemiyor."

"Hiç kimse irademizi elimizden alamaz.
Kimse ona hükmedemez."

"Çiftçiler toprakla, doktorlar bedenle, bilge adam ise akılla ilgilenir."

Epiktetos her insanın içindeki filozofa konuşmaktadır. İnsanlar arasında ayrımcılık yapmaz. Kendisi de bir köleyken özgürleştirilmiş bir birey olarak kendisini kimseden daha üstün bir yere koymaz. Tıpkı başkasını da kendisinden daha üstün bir yere koymadığı gibi. Bu dersleri de o yüzden vermiştir zaten. İnsanların içindeki bilgeyi çıkartmak için. Kendisini gerçekten dinlemediğini, onun içindeki anlatma cevherini uyandırmadığını söylediği adama anlattıklarında bile bir ders vardır aslında. Gönlünle dinle, gerçekten merak et, gözünü aç ve öğren der. Öğren ki sen de içindeki o derin kişiliği ortaya çıkartabilesin. Zaten onun bütün bu öğretilerini okurken insanın kendisini ben de böyle düşünüyorum derken bulması olasıdır ki bu da Epiktetos'un ne kadar haklı olduğunu gösterir; yani hepimizin içinde birer filozof vardır. Yeter ki düşünmeyi bilelim, buna zaman ayıralım ve en önemlisi sağduyulu olalım.

"Sağduyu nedir? Herkesin kulağı müzik notalarını ayrıştıramaz. Bu eğitim gerektirir. Ama sesleri anlayabilir. Dolayısıyla her insanın da tüm insanlığa açık doğal ilkeleri yanlış olmadan anlama kapasitesi vardır. İşte aklın bu haline sağduyu denir.

Ah beni sadece bir heykel gibi öylece dururken gördün, hepsi bu. Ama insan birinin aklındakini öğrendiği ve kendisininkini de ona gösterdiği zaman onunla gerçekten tanışmış olur. Benim aklımdakileri öğren. Kendininkileri bana göster. Sonra gidip benimle tanıştığını söyleyebilirsin. Birbirimizi sınayalım. Eğer yanlış bir ilkem varsa ondan kurtulmamı sağla. Eğer senin yanlış bir ilken varsa söyle, yardım edeyim. İşte bu bir filozofla tanışmak demektir. Öyle değil mi diyorsun? Bu sadece ayaküstü bir ziyaret mi? Bu arada gidip bir Epiktetos'u da görelim, bakalım bize diyecek nesi var mı dedin? Sonra da buradan giderken şikâyet edersin. 'Epiktetos dedikleri gibi bir şey değilmiş, kırsalda yaşayan önemsiz bir adam!' Zaten başka ne görmeye gelmiştin ki?"

Epiktetos'un son sorusunun tam manasını kavramak önemli. Zaten buraya ne görmeye gelmiştin ki? Yani aslında hepimiz az çok görmeyi beklediğimizi görürüz. Oysa bütün önyargılarımızdan arındığımızda gerçekten kıymetli olanı, önümüzde olanı görebiliriz.

"Önce kim olduğunu unut. Kendi içinde bilgeliği ara. Önce tohum toprağa ekilmeli. Orada saklanmalı, yavaşça büyümeli. Olgunlaşmalı. Beklemeli. Çünkü eğer mevsiminden önce gelişirse don olur, bütün emekler yok olur.

Bu hayatta zihnen ilerliyor olsan bile aptal görün, her şeyi anlıyormuşsun gibi davranma. Bir şeyleri biliyor olmaktan dolayı gururlanma. Biri seni övecek olursa bile sen kendinden şüphe et.

Öncelikle bu yaşadığın hayatı bir kenara bırak. O tamamen kendini unutanlar gibi de olma, yaşadıklarını hiç yaşamamışsın gibi davranma. Hayır, güreşçilerin ne yaptığını düşün. Biri düştü mü? Kalk derler, kuvvetin sana geri gelene kadar güreş. İnsan ruhundan daha uysal bir şey yoktur. İstemesi yeterlidir, her şey olur. Ruh doğru yoldadır, sadece dikkatli davranmalıdır, yoksa her şeyi kaybeder. Çünkü yıkım da yenilenmek de içten gelir.

İster kendi başına ol, ister başkalarının yanında; kendine bir karakter çiz. Sessizlik genel kuralın olsun; ya da sadece gerekli olanı birkaç kelimeyle söyle. Her şeyden de öte başkaları hakkında konuşmaktan kaçın. Ne öv, ne yer, ne de başkalarıyla karşılaştır.

Eğer becerebilirsen sohbeti yönlendir. Ama eğer kendini yabancılar ve bilmediğin konular arasında bulursan sessiz kal.

Bilgisizlerden kaçın. Ancak onlarla birlikte olman gerekiyorsa da bir an bile dalma, yoksa sen de onların olduğu çukura düşersin. Zira insan kendisi ne kadar temiz olursa olsun etrafındakiler de öyle olmadığı sürece olacaklardan kaçamayacaktır."

"Nereye gittiğini bilen insana
dünya yol verir."

"Seçim
seninse
özgürsündür ve
seçim seninse
başka kimseyi
suçlayamazsın.

"Olimpiyatlarda şampiyon olsan bile önce durumu ve sonuçlarını gözden geçir. Ancak sonra elini mükâfata uzat."

Nasıl ki kaybetmiş olmak her zaman kaybetmek anlamına gelmez, kazanmak da her zaman kazanmış olmak demek değildir. Epiktetos'a göre insan durmaksızın içinde bulunduğu durumu ve koşulları değerlendirmelidir; asla rehavete kapılmamalıdır. Ne oldum demeli ne de pes etmelidir. O sporu mükemmel bir metafor olarak kullanır ve hayat dersi verir.

"Kurallara göre yaşamalı, doğru yiyip içmeli, kötü şeylerden uzak durmalı, her daim egzersiz yapmalı, suyunu ya da şarabını soğuk içmemelisin. Aslında kendini tamamen hekimine teslim etmelisin.

Sonra yarış saati geldiğinde kim bilir belki de bileğini burkacaksın, kolun çıkacak, toz yutacaksın ve belki de kaybedeceksin.

Sonuçlarına bak ve hâlâ istiyorsan o zaman bir sporcu gibi yaşa. Eğer öyle değilse çocuklar gibi bir o oyuna bir bu oyunu saldıran biri olacaksın. Sonra o kadar çok her şeyden biraz olacaksın ki hiçbirini tam olmayacaksın. Bir maymun gibi gördüğünü tekrar edeceksin ve bu da kimseyi etkilemeyecek. Çünkü hiçbir zaman yaptığın şeye her yönünden bakıp gerçekten düşünerek yapmayacaksın. Seçimini düşünmeden yaptığın için bir müddet sonra tutkunun ateşi de sönmüş olacak.

Dostum önce ne yapmak istediğini düşün ve sonra da kendi doğanın neyi yapabileceğini. Güreşmek mi istiyorsun, omuzlarına bak. Her insan aynı yaratılmamıştır. Böyle yiyip içmeye, öfkeye kapılmaya devam ederken bir filozof olabilir misin? Hayır, seyretmelisin, çalışmalısın, bazı arzularını bastırmalısın, arkadaşlarından vazgeçmelisin, seni sevenler tarafından sevilmemeye, tanıştıkların tarafından alay edilmeye hazır olmalısın.

Bütün bunları dikkatle değerlendir ve eğer hâlâ istiyorsan elini uzat."

Ama eğer üzerinde yeteri kadar düşündüysen, zihninin süzgecinden geçirdiysen, yolunu seçtiysen ve bu hayatta nasıl biri olmak istediğinden emin olduysan bile bu sefer de sonuçlarıyla ilgili çok büyük beklentilere kapılmamalısın.

"Yine unuttun mu? İyi bir adam nasıl göründüğünü önemsemez, o iyi biri olmak için yaşar. 'Peki bunun hiçbir ödülü yok mu?' diye soruyorsun. Ödül? Bir insanın iyi

olanı yapabilmesinden daha büyük bir ödül var mıdır? İnsanı iyi ve mutlu edecek olan kazandığı bir oyundan sonra başına kondurulacak taç mıdır?

Fedakârlığının karşılığında ödülün özgürlük, sükûnet ve arzunun olmadığı bir huzur olacak."

Epiktetos'un felsefesinde sürekli ulaşılmak istenen mertebe zaten tamamen arzudan arınmaktır. Hiçbir şey istemeyen insan özgürdür, huzurludur. Amaç arzuladığın şeye kavuşmak değil, hiçbir şey arzulamamak olmalıdır.

"Kendine sevdiğin kişinin ölümlü olduğunu, sevdiğin şeylerin sana ait olmadığını, sana birer hediye olarak verildiklerini, sonsuza kadar senin olmayacaklarını hatırlat. Üzüm ya da incir bile sadece mevsiminde toplanır.

Bir yaprağın kuruyup düşmesi kötüye alamet değildir. Yeşil bir incir elbette kuruyacaktır. Vakti geçen üzümlerden kurumuş üzüm yapılacaktır. Bütün bunlar sadece bir halden başka bir hale geçmek demektir. Yıkım değil, sadece dünyanın düzenidir. Ölüm dediğin 'şimdi' var olandan 'şimdi' var olmayana değişimdir, var olmaktan var olmamaya değil.

Var olmaya devam edeceksin, ama başka bir halde. Dünyanın sana nasıl ihtiyacı varsa öyle. Zira sen seçtiğin bir zamanda da doğmadın zaten, dünyanın sana ihtiyacı olduğu bir zamanda doğdun."

Nasıl ki beden sırf beyne hizmet etmek için var olan bir uzuvdur, aslında insan da yerküreye, varoluşa, dünyanın devrine hizmet eden bir varlıktır. Hepsi bu. Geleceği saati de gideceği saati de bilmez. Önemli olan burada bulunduğu zamanlarda Tanrı'nın kendisine lütfettiğini en iyi şekilde değerlendirmek ve üzerine düşeni yapmaktır.

"Ölüm fikrini her zaman aklında bulundur.
O zaman asla kötü bir şey yapmaz,
niyet dahi etmezsin."

"Erdemli
bir ruh
sonsuz bir
kaynak gibidir.
Saf, temiz ve
koca bir yudum;
tatlı, zengin ve
cömert.
İnsana ne zarar
verir ne de
yıkım getirir."

"Her şeyi kendi istediği gibi geride bırakan kişi özgürdür."

Özgürlük... Stoacılar için en mühim konu, en yüksek mertebe. Aslına bakılacak olursa bütün çaba da özgür olabilmek için. Önce özgürlüğün tanımı. Epiktetos'a göre özgürlük nedir?

"İstediği gibi yaşayan insan özgürdür. Ona kimse şiddet uygulayamaz, kimse önünde duramaz ve kimse hiçbir şeye mecbur bırakamaz. Onun dürtüleri engellenemez, arzularıyla amaçları birdir. Kaçındığı şeylere yenik düşmez.

Bana sorarlar, peki sen özgür müsün? Ah, Tanrı yardımcım olsun özgür olabilmek için her gün dua ederim. Ama yine de efendilerimin yüzüne pervasızca bakamam ya da hâlâ şu zavallı bedenimi önemserim. Onu korumak için elimden geleni yaparım."

Konunun üzerinde bunca düşünmesine, bunca çabalamasına, hayatını tamamen buna adamış olmasına rağmen Epiktetos bile halen özgür olamadığını söylüyor. Ancak burada dikkat edilmesi gereken şudur ki bunun için dış etkenleri asla suçlamaz. Zira bir stoacı yaşadığı her şeyden kendi sorumludur. Kendi kararları doğrultusunda yaşamakta, bunun mükâfatını ya da cezasını almaktadır. Dolayısıyla özgür olacaksa bunu yine kendisi başaracaktır. Kendisini özgür görmez ama Epiketos'un bir idolü vardır:

"Ama size özgür bir adam göstereyim. Diyojen özgürdü. Bir ailesi vardı, yok değildi ama Diyojen kendisi özgürdü. Onu alıkoyacak her şeyden kendini uzaklaştırmıştı. Ona yaklaşmak, onu etkisi altına almak kimse için mümkün değildi. Onun üzerinden her şey akardı. Her şey ona çok gevşek bağlarla bağlıydı. Sahip olduklarını almak mı istediniz? Almanızı onların peşinden koşmaya tercih ederdi. Bu onun bir uzvu, hatta bütün vücudu bile olabilirdi. Akrabalar, arkadaşlar, memleket... Onun için bunların hepsi alınabilirdi. Ancak gerçek memleketi, tek memleketi olan Tanrı'sını hiçbir zaman bırakmadı. Zira gelip geçen her şeyin başlangıcının O olduğunu bilirdi."

Tamamıyla olmasa bile Epiktetos da bu yolda nihayetinde bir nebze özgür olduğunu düşünmüş olmalı ki şöyle demişti:

"Özgürüm ve Tanrı'nın dostuyum. Onun dediğini yaparım ve bunun dışında hiçbir şeye boyun eğmem. Ne bedenime, ne bir işe, ne övgüye, ne de başka bir şeye. Çünkü benim bunlara boyun eğmemi Tanrı istemez. İstiyor olsaydı beni öyle bir insan yapardı. Ancak beni öyle yaratmadığı için onun sözünden çıkamam.

Tanrı herkese içsel özgürlüğünü vermiştir. Ve işte bu bir evde sevgiyi, bir şehirde ahengi, uluslar arasında barışı getirir. İnsanın Tanrı'ya karşı minneti ve güvenini pekiştirir.

Sana Tanrı tarafından verilen şeylerin kim tarafından verildiğini hatırla. Kime ve hangi amaçla verilmişlerdi? Ruhunu bu sorularla beslerken mutluluğun seni nerede beklediğini de kendine soruyor musun?"

"Delilik ve özgürlük bir arada olamaz."

"Eğer gerçeği arıyorsan her zaman zafer peşinde olmamalısın. Ve gerçeği bulduğunda da artık mağlup olmaktan korkmana gerek kalmaz."

Epiktetos "İnsanların yaşamak, özgürlük ve mutluluk kadar gerçeği bilme hakları da vardır" der. Hayatı boyunca gerçeği aramış, etrafında da gerçeği arayanları barındırmıştır. Ayrıca haklı olmaktansa gerçeği bulmayı tercih eder. Kendi düşüncesi, söylediği kabul görmese de olur; aradığı gerçekliğe kavuşabildiği sürece. İnsanın kendi gerçeğini araması da gerekmektedir. Hatta bunu başkalarından da duyabilir.

"Birinin hakkınızda kötü konuştuğunu duyarsanız, itiraz etmeyin. Onun yerine 'Belli ki diğer yanlışlarım hakkında bir bilgisi yok, yoksa onlardan da bahsederdi' diye karşılık verin."

Epiktetos bu söylediğinde ciddidir, insanın yeteri kadar mütevazı olamadığını düşünür. Kötü yanlarını da bilmeleri, fark etmeleri için onları ikna etmeye çalışır.

"Sen bir oyundaki basit bir aktörsün, bunu unutma. Yazar seni nasıl yazdıysa öylesin; rolün kısa ya da uzun olabilir. Belki bir dilenci, belki bir kral, belki de sıradan bir vatandaş rolündesin. Sana düşen bunu layığıyla oynamaktır. Zira senin görevin sana verilen rolü oynamak. O rolü seçmek ise bir başkasının.

Önemli birini görmeye gittiğinde onu bulamayabileceğini, kabul edilmeyebileceğini, kapının yüzüne kapanabileceğini ve seninle ilgilenmeyebileceğini bilerek git. Eğer muhakkak gitmen gerekiyorsa başına gelebilecekleri kabullen ve asla bu kadar zahmete değmezdi diye düşünme. Zira böyle basit olayların sinirlerini harap etmesine izin verenler zavallı cahillerdir. Ayrıca cahil bir adam ikna edilmeyi istemeyeceği gibi kendini ikna edenden de nefret eder."

Ego belki de kenara konması en zor şeydir. Ne kadar kurtulduk desek kurtulamadığımız ve bizi her gün damla damla zehirleyen yegâne olgudur. Ancak Epiktetos'un öğütleri tekrar tekrar okunarak, belki de kendini telkin yoluyla zamanla bir adım boyu yol kat edilip, biraz da olsa arınılabilir. Epiktetos'un felsefesine inanmak sadece egodan arınmak değil, neredeyse üzerimize geçirdiğimiz ne duygu varsa hepsini çıkarıp atmak gibidir.

"Her şeyden öte kötü olan temel iki şey vardır. Katlanamamak ve kendimizi sakınmamak. Yani katlanmamız

gerekenlere dayanamadığımız ya da kendimizi mahrum bırakmak zorunda olduğumuz hazlardan vazgeçemediğimiz zamanlar. Eğer insan bu iki kelimeyi hep aklında tutsa bir günah işlemesi çok zor olacak ve mutluluğu, sükûneti yakalayacaktır.

Ancak bir şey yapmaya karar verdiyseniz ve yapıyorsanız pek çok kişi sizi yargılayacak dahi olsa onu yaparken görünmekten kaçınmayın. Zira yaptığınız şey doğru değilse zaten hiç yapmayın, ama eğer doğruysa başkalarının fikrini zaten neden önemseyesiniz?"

"Güneş doğmak için ne dua
ne de bir sihir bekler.
Doğar ve onu herkes coşkuyla karşılar.
Sen de görevlerini yerine getirmek için
alkış ya da övgü bekleme.
Yapman gerekeni iyi yaparsan
güneş gibi sevilirsin."

*"Bir geminin
tek çapası
bir hayatın
tek bir
umudu
olmamalıdır."*

"Nasıl ki bir saat bir günün parçasıysa ben de bütünün bir parçasıyım."

Epiktetos mükemmel insanı neredeyse içinde iki kişilik varmış gibi düşünmüştür. Bu insan hem dikkatlidir, özenlidir, hem de yeri geldiğinde pervasız ve umursamazdır. Aslına bakacak olursanız tevekkülden bahsetmektedir. Yani bu insan elinden gelenin en iyisini yaptıktan sonra gerisini Tanrı'ya bırakacaktır.

"Şu iki özelliği birleştirmek zordur: Olayları dikkate alan birinin özeni ve olayları hiçe sayan birinin pervasızlığı. Ancak imkânsız da değildir. Yoksa mutluluk diye bir şey olmazdı. Aslında yapmamız gereken bir gemide yapacaklarımıza benzer.

Geminin bir kaptanı ve mürettebatı var. Siz de bunlardan birisiniz. Sonra aniden bir fırtına çıkıyor. Beni buradan sonrası ilgilendirmez diyorsunuz? Ben üstüme düşeni yaptım. Yönetim kaptanın elinde. Gemi batıyor, ben ne yapabilirim? Sadece bana kalanı, korkmadan, ağlamadan, Tanrı'ya intizar etmeden boğulmayı kabul etmek. Doğan her şey bir gün ölecektir. Ben sonsuzluk değilim. Sadece bir insan evladıyım. Nasıl ki bir saat bir günün parçasıysa ben de bütünün bir parçasıyım.

Her şeyi göz önünde bulundurduğunda iyi ve doğru olan insan kendini bu evreni yönetene bırakır."

Epiktetos Tanrı'nın kendisine bahşettiği bu dünyada bir filozof olarak bütün yaşantısı boyunca aramış, öğrenmeye devam etmiş ve öğrendiklerini de anlatmıştır. Ama yine kendisinin de sık sık vurguladığı gibi elinden geleni yaptıktan sonra gerisini Tanrı'ya bırakmış ve büyük bir teslimiyet içerisinde yaşamına veda etmiştir.

"Mutluluğa giden
tek bir yol vardır;
o da hakkında
hiçbir şey
yapamayacağınız
olaylar için
endişelenmemek.